# LA VÉRITÉ

SUR LE

# DIFFÉREND SINO-JAPONAIS

*Ce livre, ne se trouvant pas en librairie, ne peut être vendu.*

PUBLIÉ

PAR

L'ASSOCIATION GÉNÉRALE DES ÉTUDIANTS CHINOIS EN FRANCE

7, RUE CASIMIR-DELAVIGNE, PARIS (VI^e)

Avril-Mai 1915

# LA VÉRITÉ

SUR LE

# DIFFÉREND SINO-JAPONAIS

---

PUBLIÉ

PAR

L'ASSOCIATION GÉNÉRALE DES ÉTUDIANTS CHINOIS EN FRANCE

7, RUE CASIMIR-DELAVIGNE, PARIS (VI^e)

Avril-Mai 1915

# AVANT-PROPOS

*A l'heure où l'Europe est ensanglantée par une terrible guerre, où le Droit, la Justice et l'Honneur se disputent âprement, pied à pied, un nuage s'élève et obscurcit l'horizon Extrême-Asiatique.*

*Le Japon, en effet, en corollaire de sa politique impérialiste d'extension, cherche à annexer, sous la prépondérance de son influence, toute notre activité politique et économique à son profit et au détriment de toutes les conventions qui le lient à la communauté internationale!*

*Il nous a paru utile et de notre devoir, de faire connaître à l'opinion mondiale l'entière vérité, trop longtemps dissimulée et faussée par nos adversaires, sur les difficultés qui séparent actuellement la Chine et le Japon.*

*Ce problème ne doit pas laisser les Puissances Étrangères indifférentes, puisqu'il touche à la vitalité de leurs intérêts d'Extrême-Orient. Elles doivent donc en connaître toute l'exactitude.*

# LA VÉRITÉ
SUR LE
# DIFFÉREND SINO-JAPONAIS

## I

## HISTORIQUE DES RELATIONS SINO-JAPONAISES

L'action Japonaise en Chine, dont les différends sont toujours soulevés par le Japon lui-même, soit dit en passant, remonte déjà loin dans l'Histoire contemporaine. Elle se divise en trois périodes correspondant chacune à une orientation, toujours dirigée vers le même but : la Chine, mais prenant un caractère extérieur très différent selon les circonstances et les événements du moment.

Dès que le gouvernement Japonais se sentit en force, capable de franchir ses îles, ce fut à la Chine qu'il s'attaqua. D'abord progressivement vers les îles environnantes (Iles Liou-Kiou, 1876 et 1883), puis en Corée (affaires de 1876 et 1885), tâtant le terrain, cherchant à connaître les véritables forces de la Chine.

Traîtreusement, en 1894, il nous attaque sans déclaration de guerre (affaire du Kao-Shenn, 25 juillet 1894 — la guerre ne fut déclarée que le 1er août suivant après la bataille de Seï-Kouang, 29 juillet 1894 — exploit qu'il devait renouveler contre la Russie en 1905 à Tchemoulpo par l'attaque du « Variag » et de la « Korietz ». *C'est le Japon qui, du reste, a inauguré cette nouvelle méthode dans l'histoire moderne, de l'attaque brusquée préalablement à toute déclaration de guerre!*). Le moment était excellemment choisi, puisque nous n'avions pas d'armée moderne et ne possédions qu'une flotte très médiocre. Le Japon remporta une victoire facile et le traité de Shimonoseki (17 avril 1895). Dans cette affaire le Japon proposait également toute une longue liste de revendications et de réformes à accomplir en Corée, pour le grand bien des Coréens dont il obtenait l'indépendance (mais il oubliait de leur dire qu'il imposerait son protectorat sur ce pays, plus tard, en 1905, et que peu après il l'annexerait définitivement).

Toutefois, le traité de Shimonoseki laissait une rancune au cœur du Japon contre la France, la Russie et l'Allemagne[1]. Ces

1. N'oublions pas que les États-Unis étaient également intervenus par l'intermédiaire de leur ministre à Tokio et de M Foster, notre conseiller politique.

puissances étaient intervenues au sujet du Koang-Toung et de Port-Arthur, que les Japonais durent rétrocéder à la Chine. Port-Arthur était donné à bail au Gouvernement russe, deux ans plus tard (décembre 1897 et arrangement du 15-27 mars 1898).

La Russie se trouvait ainsi placée entre la Chine et le Japon, ce qui gênait terriblement les plans de ce dernier.

***

Pendant la deuxième période qui va suivre et qui dura plus de dix ans, tous les efforts du Japon se concentrent sur *un vaste plan de campagne contre la Russie, qu'il doit évincer à tout prix de l'Extrême-Orient* afin de mieux atteindre le but final.

Les événements Boxers sont aussi venus faciliter l'action japonaise. C'est principalement depuis cette époque, et pour une soi-disant garantie de sécurité internationale, que les Nippons s'installèrent solidement en Mandchourie. D'autre part, la Russie occupait (pour la surveillance du Grand Transsibérien) l'autre côté de cette vaste Mandchourie et disputait l'influence japonaise qui la menaçait. La situation se tendait de jour en jour. Le Japon grognait et montrait les dents et, fatalement, la guerre éclata entre ces deux puissances.

« *Le Japon écrasa la Russie* », réalisant une partie de ses convoitises en s'assurant le protectorat de la Corée, qui fut le gros morceau de cette phase d'action. Il devait, un peu plus tard, sans tambour ni trompette, annoncer au monde stupéfait l'annexion définitive de cette « *pauvre et douce Corée* »*!*

Les Puissances Étrangères, se doutant des aspirations du Japon, ne perdirent jamais de vue les faits et gestes de son gouvernement. Au traité de Portsmouth (septembre 1905) ce furent les États-Unis[1] qui intervinrent cette fois, enrayant le trop grand développement du Japon *dont* l'Impérialisme *et* le Militarisme *inquiétants se manifestaient de plus en plus ouvertement.* Le Japon demandait aux Russes une grosse indemnité de guerre qui lui permettrait, avec la vitesse acquise, de s'attaquer de suite, non seulement au gros « *morceau de ses rêves* » : la Chine, mais encore au Pacifique. *Grisé par sa victoire sur* « une grande nation européenne, » *il ne dissimulait plus ses intentions belliqueuses, ses convoitises sur les Iles du Pacifique,* sur la maîtrise possible du Pacifique! (Et il faut relire, avec quelle chaleur, quelle arrogance même, la presse nipponne exposait les prétentions du Japon à cette époque!) Le Japon, pour ne pas perdre de temps, commençait déjà à exercer son influence sur la côte américaine; il intriguait au Mexique, où des dizaines de mille de ses dociles sujets appliquaient la méthode japonaise de colonisation que chacun sait!

Le traité de Porstmouth était encore boîteux pour l'ambition du gouvernement de Tokio, puisqu'il n'obtenait aucune indemnité, ni les annexions demandées au détriment de la Chine!

1. Devenus puissance asiatique depuis la possession des îles Philippines, Tacoma et Hawaï.

*
* *

Nous arrivons ainsi à la troisième période des relations sino-japonaises et dont la tension actuelle nous paraît être le dénoûment.

Durant cette dernière période, qui part du lendemain du traité russo-japonais, le Japon change de méthode. *Elle consiste, sous le couvert de* **la Politique de la Porte ouverte en Chine,** *du* **Respect de l'Intégrité du sol Chinois** *et de* « **l'Opportunité égale** » *pour toutes les Puissances, à écarter l'action des Puissances Étrangères dans notre pays.* Le Japon s'empressa de signer des Conventions, des Échanges de vues qui faciliteraient sa tâche et lui permettraient de mieux s'y installer lui-même, d'annexer la Corée... et la Mandchourie; de prendre une position prédominante dans les affaires de la Chine, de la placer sous sa tutelle, sans oublier un pied solide dans les provinces du sud en vue d'annexions futures!

Il signe avec **la France** : « *Un arrangement en vue d'assurer l'indépendance de la Chine...*, etc. » (Paris, le 10 juin 1907. — Pichon-Kurino).

Avec **la Russie** : une « *Convention en vue de consolider les rapports de paix et de bon voisinage* », dont l'article 2 stipule que : « Les deux H. P. C. reconnaissent l'Indépendance et l'Intégrité territoriale de l'Empire de Chine et le principe de l'Opportunité égale pour ce qui concerne le commerce et l'industrie de toutes les nations dans cet empire et s'engagent à soutenir et à défendre le maintien du *statu quo* et le respect de ce principe par tous les moyens pacifiques à leur portée... » (Saint-Pétersbourg, le 17-30 juillet 1907 — Iswolsky-Motono).

Il fait un échange de vues avec **les États-Unis**, le 30 novembre 1908 (Root-Takahira), sur les mêmes principes et la question du Pacifique :

« 1° C'est le vœu des deux gouvernements d'encourager le développement libre et pacifique de leur commerce dans l'Océan Pacifique.

« 2° La Politique des deux gouvernements, à l'abri des tendances agressives, est destinée à maintenir le *statu quo* existant dans la région sus-mentionnée et à défendre le principe de « la Porte Ouverte » pour le commerce et l'industrie de toutes les nations en Chine.

« 3° En conséquence, les deux nations sont fermement résolues mutuellement à respecter les concessions territoriales qu'elles possèdent dans ladite région.

« 4° Elles sont également déterminées à préserver les intérêts communs de toutes les Puissances en Chine en défendant par tous les moyens pacifiques à leur disposition « l'Indépendance » et « l'Intégrité » de la Chine, le principe de « la Porte Ouverte » pour le commerce et l'industrie de toutes les nations dans cet Empire.

« 5° Si quelque événement menaçant le *statu quo* ainsi défini se produit, il restera aux deux gouvernements à entrer en communication l'un avec l'autre afin d'arriver à une entente sur les mesures qui pourraient être considérées comme utiles à prendre, etc... ».

Il fait un premier traité d'alliance avec l'Angleterre en 1902, où il déclare : maintenir le *statu quo* en Extrême-Orient et notamment en Chine et en Corée. Renouvelé le 12 août 1905 (après la guerre russo-japonaise), le préambule de ce traité déclare encore formellement dans son paragraphe b) : » Maintien des intérêts communs de toutes les Puissances en Chine, Indépendance et Intégrité de l'Empire de Chine et du principe de l'Opportunité égale (*equal opportunity*) pour le commerce et l'industrie de toutes les nations en Chine. » Nous retrouvons ce même paragraphe dans le préambule du nouveau Traité d'alliance anglo-japonaise de 1911.

***

*C'est le triomphe de la politique du marquis Ito, continuée par celle non moins* **impérialiste et militariste,** *mais doublée de cléricalisme cette fois (bouddhisme)* d'**Okuma** : « **L'Asie aux Asiatiques** », *en réalité* « **L'Asie aux Japonais** » !

*En effet, entre temps, Okuma fonde à Tokio une vaste Association Pan-Asiatique ayant pour objet* **de rejeter les Occidentaux à la porte de l'Asie.**

**Il essaya d'endoctriner la Chine,** *mais n'y parvint pas. Notre esprit jeune-chinois, jeune républicain, démocrate et pacifiste s'accorde mal avec la théorie japonaise! Notre idéal est trop différent et notre but tout opposé!* Alors que nous travaillons au développement de notre pays afin de l'amener au pas de la Civilisation moderne, d'établir des institutions, un droit commun, en harmonie avec ceux des Puissances Étrangères, et de pouvoir, en éduquant le peuple, ouvrir au plus tôt notre pays tout entier au Commerce international et à la circulation mondiale, au grand profit de l'humanité et du nôtre. Nous avons, du reste, commencé à appliquer ces principes dès le lendemain de notre Révolution, en facilitant de nombreuses entreprises étrangères dans notre pays. Le Japon, lui, veut restreindre tout; exemple : Ce qu'il fait en Corée, qui se trouve actuellement plus fermée aux étrangers qu'avant la domination japonaise! Tout pour le Japon! Demandez donc aux commerçants et aux industriels étrangers devant quelles difficultés ils se trouvent en butte avec les Japonais!

N'oublions pas qu'en même temps, accomplissant leur vaste programme : « *L'Asie aux Japonais* », les *Nippons se répandent en Malaisie, en Indo-Chine* (la France s'en défie encore), *au Siam* (dont ils espèrent bientôt faire une annexe japonaise, s'étant découvert une amitié, un amour subits pour les Siamois!), *aux Indes* (où ils soulèvent par d'adroites intrigues l'esprit « jeune-hindou » contre l'Angleterre), etc..., s'infiltrant partout au moyen de toutes les méthodes avouables et inavouables. Un de leurs députés *M. Takéba*, après un voyage de propagande japonaise dans ces divers pays, a publié à Tokio une brochure des plus édifiantes sur le « *Plus Grand Japon* » intitulée : « *Nankokouké* » ou « notes sur les Pays du Sud ».

Nous avons pu nous procurer, en 1911, une note secrète (dont il nous a paru intéressant de donner quelques extraits en addenda) sur l'organisation d'une Société japonaise à double face et dont le siège principal se trouve à Pékin en pleine capitale chinoise, qui ne laisse aucun doute sur les agissements nippons et sur leurs méthodes d'espionnage diplomatique et militaire.

En 1911 se fondait à Tokio une Société similaire, appelée : « *Taheijo Mondat Danwakaï* », ou « *Club des études des questions du Pacifique* », *sous la direction du Dr Hasegawa qui y fit une série de conférences intempestives contre les Etats-Unis.*

Une autre Société « *Taheijoka* » ou « *Société du Pacifique* » était instituée le 29 mars de la même année, dont le manifeste ne laisse également aucune illusion sur les visées du Japon :

« Voilà un siècle que le champ de bataille où les nations luttent pour l'hégémonie se trouve dans l'Océan Pacifique.... Aujourd'hui, la prospérité ou la décadence d'une nation dépend de sa puissance dans l'Océan Pacifique : posséder l'empire du Pacifique, c'est être maître du monde ».

« Comme le Japon se trouve au centre de cet Océan, dont les vagues viennent baigner ses rivages, il doit réfléchir avec soin et avoir des vues nettes sur la question du Pacifique : car son rôle dans cet Océan décidera de sa prospérité et même de son existence ».

Le manifeste continue en expliquant que le Japon doit posséder l'hégémonie dans le Pacifique.

On se rappellera peut-être que, peu avant la guerre de Mandchourie, une Société analogue s'était formée à Tokio pour « *étudier la question de Mandchourie* ». Sous la présidence du *Prince Konoyé, elle protesta contre l'occupation de la Mandchourie par les Russes et organisa une agitation patriotique qui accoutuma le pays à l'idée de la guerre.*

Or, les membres les plus ardents de la « *Société de Mandchourie* » — dissoute depuis la victoire — se trouvent actuellement dans la « *Société du Pacifique* ».

Et l'on doit comprendre que, bien plus que l'empire de la Mandchourie, l'empire du Pacifique est, pour le Japon, devant l'ouverture du Canal de Panama, une question de vie ou de mort. (La *Revue Jaune*, Bruxelles, 15 mai 1911, p. 357)[1].

1. Dans un article du *Word*, un Japonais, *Adachi Kinnosuke*, examine la question du Japon contre les États-Unis. *Il démontre que le Japon arme contre la Chine.* Il analyse toutes les dépenses extraordinaires de la flotte et de l'armée; les armements de Port-Arthur et à la frontière coréenne. *Il exprime les craintes du Japon de voir la Chine évoluer vers le progrès; se développer économiquement, politiquement et militairement; en un mot* **le Japon craint la Chine!** Et il prétend que si le Japon a attaqué la Chine en 1895, c'est pour se défendre; parce que la Chine installée en Corée était pour lui *un cauchemar*, car le Japon voyait ainsi entravé ses projets d'expansion. *Le danger était que la Chine empêcha de réaliser son plan*; « danger lointain, il est vrai », et M. Adachi Kinnosuke nous permettra de lui répondre qu'il suffit d'un danger bien lointain, d'une menace bien indirecte, d'une simple entrave à ses projets pour que le Japon fasse la guerre; et qu'il appelle cela une « guerre défensive ». Dans le même article, l'*auteur analyse minutieusement les possibilités de conflits avec les États-Unis,* quoique le Japon soit pacifique! Il y discute à fond les projets Dickinson sur l'armement des Américains. *Le canal de Panama est une arme redoutable contre le Japon, aussi doit-il augmenter à outrance sa flotte* **pour ne pas laisser la maitrise du Paci-**

Ajoutons qu'au moment de l'ouverture du Canal de Panama, le Japon, en réponse à « l'Armada de Roosevelt[1] », envoya sa flotte sous les ordres de l'amiral Yashiro afin de visiter San-Francisco et les eaux mexicaines. Dans des toasts échangés entre le Président Diaz et l'amiral Japonais, ce dernier déclarait sans sourciller : « *Que le sang qui coule dans les veines du peuple japonais et du peuple mexicain est le même! Tout semble établir la vérité de cette affirmation, qui explique cette affection qui vient d'éclater au grand jour!* » (*L'Écho français* de Mexico).

Yashiro, fidèle élève et émissaire d'Okuma, édifiait les États-Unis sur les sentiments nippons!

* * *

Rappelons, pour mémoire, car nous n'avons nullement l'intention de faire l'historique complet des relations sino-japonaises, ce qui sortirait de notre programme, les difficultés que soulevèrent le Japon en 1910, au sujet des chemins de fer Mandchouriens, Antong et la question du Kien-Tao. *Le Japon refusa d'aller en arbitrage à La Haye sur la proposition du gouvernement chinois pour le règlement de cette affaire*, qui ne s'arrangea qu'à la suite de l'intervention des Etats-Unis, proposant le rachat du réseau mandchourien par la Chine à l'aide d'un emprunt international. Cette proposition dérouta un peu le Japon et ses exigences en furent très atténuées. *Nous devons rendre hommage ici aux Etats-Unis pour l'appui sincère qu'ils ont constamment apporté à notre patrie dans les situations difficiles.* Un grave conflit fut ainsi écarté et grâce au pacifisme, à l'esprit de conciliation des Chinois, le sang, dont les Japonais font peu de cas, ne coula pas!

Il serait superflu de parler ici de l'affaire du *Tatsu-Maru* et des boycottages qui s'en suivirent. Mentionnons simplement la question des coolies chinois de Kagoshima, tandis que le Japon réclamait aux États-Unis pour ses sujets en Californie (Affaires des Écoles de San-Francisco, 1907).

La Révolution chinoise et la proclamation de la République sont venues un peu défriser les plans du Japon! L'influence japonaise, c'est-à-dire son travail d'intrigues sournoises, allait se trouver compromise par le mouvement en avant des Chinois vers le progrès. A ce moment, nulle cause d'intervention! Il fallait attendre, l'arme au pied, un prétexte que seul l'avenir pouvait leur réserver! Mais nous savons que le Japon n'est pas gêné pour en soulever, même

fique à d'autres! Le Japon s'est, du reste, assuré l'amitié de la Russie. Son accord de 1910 lui laisse les mains libres de ce côté et il peut porter son effort militaire ailleurs! On ne peut pas être plus pacifique!

1. Roosevelt crut sage de montrer aux Japonais, « *à cette foule disposée aux entreprises les plus hasardées* », par point d'honneur national, que les États-Unis possèdent une marine extrêmement puissante. Il fit faire le tour de l'Amérique à 10 cuirassés, à 20 croiseurs qui vinrent visiter les ports japonais. (Hoang-Pao, 15 janvier 1911, p. 100).

de futiles! Pourtant, l'attitude neutre des Puissances étrangères à l'égard de notre révolution et de notre changement de régime, lui en imposa, malgré la démangeaison qu'il avait de débarquer son corps expéditionnaire déjà prêt! toujours prêt du reste!

Ce ne fut qu'un léger recul du plan de son action contre nous. *Les événements européens de* 1914 *allaient lui donner « ce prétexte » tant attendu et tout à fait inespéré.*

---

## II

## LE CONFLIT ACTUEL

*Dès que la Tension Européenne devint inquiétante et que la guerre fut imminente, le Japon se prépara à réaliser ses plans* et, au mois d'août 1914, au moment de la Conflagration Générale, il se trouvait prêt. Très renseigné sur la force des Armées européennes, à peu près certain que la guerre prendrait des proportions gigantesques; *c'est le bon moment pour lui de se tailler un beau* morceau du « gâteau » *qu'il convoite tant et depuis si longtemps. Peu intéressé dans la grande lutte européenne, il lui importe peu que telle ou telle nation soit vainqueur ou vaincue, ce qu'il désire c'est que cette lutte dure assez longtemps, afin d'épuiser tout le monde et lui permette d'accomplir entièrement sa combinaison.* La presse nipponne ne se gêne pas du reste pour étaler ces idées tout au long dans ses leaders et ses articles de fond. Donc, peu lui chaut l'Europe, mais au contraire l'*Extrême-Orient va devenir son arène où seul il se trouvera devant la Chine.* Il veut y établir sa prédominance; aussi n'hésite-t-il pas à se jeter soi-disant dans la mêlée générale, cela grâce à son Traité d'Alliance de 1911 avec l'Angleterre, et sous le faux motif qui enthousiasma les Européens, de combattre l'Allemagne, il s'installait tout simplement en Chine! *Il utilisa donc à bon escient son alliance avec l'Angleterre pour pouvoir mener à bonne fin ses propres visées sur notre pays!* Le docteur Ukisa, un des plus importants écrivains politiques du Japon, le déclarait formellement dans la presse japonaise, et il était sincère : « que pour le Japon, la guerre faite à l'Allemagne devait en tout cas être considérée comme terminée à l'instant même où il avait atteint son véritable but; c'est-à-dire son établissement dans la province du Chantoung ».

Le 15 août 1914, le gouvernement de Tokio envoyait son ultimatum à l'Allemagne :

« 1° Rappel ou désarmement immédiat de tous les navires de guerre allemands qui se trouvent dans les eaux chinoises et japonaises, le Japon considérant la présence de ces navires comme une menace pour la paix;

« 2° Remise au Japon sans conditions ni compensations d'aucune sorte, du protectorat allemand de Kiao-Tchéou avec tout l'outillage qui s'y trouve. Cette remise devrait avoir lieu au plus tard le 15 septembre 1914, *en vue d'une restitution éventuelle de Kiao-Tchéou à la Chine.* »

L'Allemagne ne répondit pas à cet ultimatum et l'attaque japonaise commença dès son expiration le 23 août suivant.

Notre gouvernement, au courant des intentions du Japon, était fort inquiet. *Le gouvernement des États-Unis, également prévenu des avantages que le Japon allait se créer par cette opportunité*, adressa une note aux différentes puissances dès le 17 août, *afin de préserver la Neutralité Chinoise* qui avait été déclarée officiellement dès le début des hostilités européennes. Nous tenions, en effet, à notre stricte neutralité, et nous désarmions à Nankin la canonnière allemande *Vaterland* qui n'avait pu quitter le port dans les 24 heures selon les conventions de la guerre maritime (dépêche de Pétersbourg, 18 août).

Pour rassurer l'opinion étrangère, le comte Okuma proclamait au Parlement : « *Comme président du Conseil du Japon, j'ai déclaré et déclare à nouveau aujourd'hui aux peuples des États-Unis et du monde entier que le Japon n'a aucune ambition future, nul désir de s'accroître en territoire*, **nulle pensée de déposséder la Chine,** *ou n'importe quel autre pays. Mon gouvernement et mon pays en donnent leur parole et leur garantie, qui seront honorablement maintenues comme le Japon* a toujours tenu ses promesses » (*Independent*, New-York, 24 août 1914).

Le *Bureau de la Presse* (Londres, 19 août 1914) communiquait le télégramme suivant : « Les gouvernements britannique et japonais, s'étant mis en communication, estiment qu'il est nécessaire que chacun agisse en vue de protéger les intérêts généraux en Extrême-Orient visés par l'Alliance anglo-japonaise et *notamment, l'indépendance et l'intégrité de la Chine.*

« Il est entendu que l'activité japonaise ne s'étendra pas dans l'Océan Pacifique, au delà des mers de Chine, sauf toutefois, en ce qui concerne les mesures nécessaires à la protection des lignes de navigation japonaise dans le Pacifique, ni au delà des eaux asiatiques à l'ouest des mers de Chine, ni dans tout autre territoire étranger en dehors de celui occupé par l'Allemagne sur le continent de l'Asie Orientale. » (*Havas.*)

D'autre part une note du gouvernement japonais faisait savoir que (Tokio, 26 août 1914) :

« Le gouvernement japonais vient de faire publier une longue note déclarant que la politique japonaise approuvée par l'empereur consiste à *agir en toutes circonstances, dans le présent et dans l'avenir, en plein accord avec les conditions de son alliance avec l'Angleterre, ses traités d'entente avec les États-Unis et les engagements qu'il a pris avec la Chine.*

« *Le Japon rendra Kiao-Tchéou à la Chine, défendra l'intégrité territoriale de la Chine* et fera son possible pour faire disparaître les motifs de suspicion alimentés depuis quelques années en Amérique par une campagne contre le Japon. » (*Ouest-Éclair*[1], 27 août 1914.)

1. *Le Temps*, 24 août 1914. — « La réponse américaine, tout en regrettant le différend qui a surgi entre le Japon et l'Allemagne, prend occasion de cet ultimatum pour

Il déclarait également dans une autre note :

« Qu'il tient à faire savoir aux puissances qu'il demeure rigoureusement fidèle au principe du *maintien de l'intégrité de la Chine.* Que les opérations éventuelles en territoire chinois resteraient limitées aux frontières du protectorat allemand dans le Chantoung (août 1914). »

Ces déclarations rassurèrent tout le monde, *sauf nous autres, Chinois, et nous en avions de justes raisons comme nous le verrons plus loin.*

Dès ce moment, ce qui démontre encore mieux les idées de derrière la tête du Japon, ce dernier commence contre nous une *odieuse campagne, un chantage en règle ; il tente de nous faire passer comme prenant parti pour la cause allemande aux yeux du Monde, et surtout à ceux des Alliés de la Triple-Entente, afin de nous faire détester, ce qui faciliterait singulièrement ses manœuvres.* Nous reviendrons sur cette question.

⁂

Les opérations anglo-japonaises contre Kiao-Tchéou durèrent du 24 août au 7 novembre, jour de la reddition de la place de Tsing-Tao.

Les troupes japonaises occupèrent militairement un certain nombre de pays situés en territoire purement chinois, c'est-à-dire en dehors de la concession de Kiao-Tchéou, donc neutres; elles occupèrent également le chemin de fer allant à Tsinan-fou ainsi que des mines situées en territoire également chinois. Malgré nos protestations, le Japon y maintint ses troupes. Il paraît que nous faisions là le jeu des Allemands! *Notre gouvernement accorda une « zone de guerre » pour faciliter les opérations japonaises par terre, espérant ainsi effacer toute suspicion contre nous et faire avorter la propagande japonaise de notre germanophilie.* Il fut convenu que, sitôt les opérations terminées, c'est-à-dire sitôt la reddition de Tsing-Tao opérée, le Japon retirerait ses troupes et nous restituerait cette « zone de guerre ». (*Exchange-Telegraph*, Londres, 6 octobre.)

Connaissant la politique impérialiste du gouvernement japonais et sachant toutes les roueries dont il était capable, nous nous méfiions de lui très sérieusement. Il nous était très facile, en effet, de contrôler l'opinion japonaise par sa presse. *Tandis qu'en Europe le Japon laissait croire à sa magnanimité, à son amour de la gloire, et surtout à l'intervention possible de ses armées en Europe, lui s'occupait de toute autre chose!* Il travaillait l'opinion de son peuple contre la Chine, *il lui faisait miroiter et convoiter notre riche patrie.* Témoin cet article de l'officieux *Journal Colonial Japonais* de Tokio qui démontre irréfutablement le double jeu de leur premier

faire connaître le point de vue des États-Unis en ce qui concerne la situation, à savoir *que le Japon ne cherche pas un agrandissement territorial; que le Japon a promis de restituer Kiao-Tchéou à la Chine en maintenant l'intégrité de la République chinoise* et en agissant conformément à l'alliance anglo-japonaise, dont le but est de sauvegarder également les intérêts commerciaux de toutes les puissances en Chine, et enfin qu'en cas de désordres le Japon consulterait les États-Unis avant de prendre des mesures au delà des frontières de Kiao-Tchéou. »

ministre; car, et il ne faut pas s'y tromper, il y a Okuma pour les étrangers et Okuma pour les Japonais, ce sont deux hommes bien différents! Dans son leader du 9 octobre 1914, que chacun peut contrôler, intitulé : « Le destin de la Chine est le même que celui de la Corée ». Voici ce qu'il disait :

« *La Chine actuelle est une source de danger pour le Japon*, elle se trouve en quelque sorte dans la même situation où était la Corée il y a deux décades passées. *Afin de protéger le territoire chinois, le Japon est prêt à se battre contre n'importe quelle nation.... Non seulement le Japon essayera d'enrayer les ambitions de la Russie et de l'Allemagne, mais il tentera d'empêcher l'Angleterre et les États-Unis de toucher au gâteau chinois!... La solution du problème chinois est de grande importance pour le Japon et n'a que peu à faire avec la Grande-Bretagne!...* Ma conclusion sur la question Chinoise contient dans les quatre formules suivantes :

« 1° Abolir la forme républicaine du gouvernement chinois et établir une monarchie constitutionnelle;

2° Des conseillers japonais devront occuper tous les postes et les fonctions importantes; une profonde marque de respect sera rendue à leur personne ainsi qu'à leurs idées;

3° Des écoles japonaises seront installées dans toute la Chine;

4° Un traité consignera les points ci-dessus mentionnés.

« .... *Lorsque je parle d'engagement de Conseillers Japonais, je ne dis pas 50 ou 60 Conseillers*; **mais plusieurs milliers de conseillers.** *En leur qualité de Conseillers, ils auront le* **contrôle absolu** *de l'Administration, des Affaires Militaires et de la Diplomatie Chinoise...*

« **Et, afin de profiter de tous les avantages que nous procure la guerre Européenne actuelle, le Japon doit porter au maximum sa prédominance en Chine.**

« Je ne sais quelles sont les vues du Ministre des Affaires Étrangères à l'égard de la situation présente; mais je suis tout à fait au courant de l'attitude du comte Okuma, dont les vues concordent avec les miennes, quant à la solution de la question chinoise! **Si la Chine laisse les mains libres au Japon, son territoire sera sauvegardé, mais si elle fait la moindre résistance, ses jours sont comptés!**

« Comme la situation se présente actuellement, le sort de la Chine ressemble à celui de la Corée! La Chine est vraiment bien à plaindre!!! »

*C'est net, catégorique et franc cette fois, il n'y a pas à se leurrer de la parole japonaise, et les événements qui suivirent sont venus abondamment illustrer et prouver la véracité de cette déclaration officieuse.*

Donc, au 7 novembre 1914, le Japon est maître de Kiao-Tchéou. Bravo! tout le monde applaudit!!!

***

**Au mois de décembre suivant, le gouvernement républicain de Pékin demandait au Japon vers quelle époque il pensait faire éva-**

cuer la « *zone de guerre* » et d'être assez courtois pour l'en avertir. Ce fut une explosion de colère au Japon; la presse redoubla sa campagne, mais cette fois sur un ton des plus agressifs; *le peuple voulait l'intervention armée immédiate du Japon, l'occupation de Pékin et des Provinces Mandchouriennes.* (Il serait trop long d'analyser ici les articles de la presse japonaise, mais il est aisé à quiconque de s'y reporter).

Pour masquer cette campagne de presse contre nous, Tokio télégraphiait en Europe : « M. Kato, Ministre des Affaires Étrangères, explique à la diète que les négociations entre le Japon et la Chine, relativement à Kiao-Tchéou ont été satisfaisantes. Le Japon a acquis la haute main sur l'administration de la voie ferrée de Kiao-Tchéou à Tsi-Nan. » (Tokio, 8 décembre. — Havas.)

Nous étions patients et nous voulions montrer toute notre bonne volonté, qui du reste ne s'est jamais départie un seul instant durant toute cette affaire. Ce ne fut qu'un mois plus tard, le 7 janvier 1915, voyant que le Japon ne prenait aucune mesure d'évacuation de la « zone de guerre » occupée en dehors du territoire à bail de Kiao-Tchéou, et *sur les conseils* de Nagao Ariga, l'éminent jurisconsulte japonais, conseiller juridico-politique du président de la République Chinoise Yuan-Che-Kaï; que notre gouvernement fit savoir au Japon et à l'Angleterre qu'il levait la « zone de guerre ». La fureur japonaise augmenta, toujours bien entretenue par le parti impérialiste et militariste d'Okuma. Le Japon n'hésita plus. Le 18 janvier 1915, *au lieu d'évacuer la* « zone de guerre », *il présentait directement au Président de la République Chinoise une liste de vingt et une demandes divisées en cinq groupes et auxquelles la Chine devait souscrire, faute de quoi l'armée nipponne était prête.*

Des dépêches étaient envoyées en même temps de Tokio à l'étranger, *prétendant que la Chine réclamait Kiao-Tchéou, alors que* **notre Gouvernement n'a jamais soulevé cette question.** *Toute la réclamation chinoise portait sur la « zone de guerre ».* **Notre Gouvernement savait très bien que le sort de Kiao-Tchéou ne pouvait être discuté et décidé qu'à la fin de la guerre Européenne.** *Mais le Japon cherchait une querelle, un motif d'intervention!*

Le Japon se ménageait très adroitement l'opinion publique européenne, profitant de l'horrible guerre qui épouvante cette partie du monde. Il nous faisait passer comme soutenant la cause germanique, et soulevant des difficultés en Extrême-Orient contre le Japon! que nous faisions le jeu de l'Allemagne et que nous étions l'instrument de Berlin! *Cet odieux chantage, répétons-le, faillit réussir; une partie de la presse européenne, dont la bonne foi avait été très certainement surprise, s'empara de l'idée! Il est heureux que nous ayons, dès à présent, la preuve indéniable des faits et des événements qui nous défendent et nous justifient amplement aux yeux du monde!*

Mais n'empêche qu'à l'époque critique nous passâmes un très mauvais quart d'heure, et l'action armée du Japon contre nous n'aurait été que bien méritée! Nous ne pouvions même pas nous défendre, puisque les journaux étrangers et la censure ne nous permettaient pas de protester! Ce n'est qu'à force de démarches, de subterfuges que nous pûmes faire connaître un commencement de vérité sur notre attitude[1, 2, 3]; le Japon fit le reste par sa façon d'agir.

Le Japon, parallèlement à cette campagne, en menait une autre; celle d'une possibilité d'intervention de son armée en Europe; les Japonais eurent très facilement, cela se conçoit, les bons offices de la presse étrangère.

Particulièrement en France, deux noms, deux hommes d'État,

1. La légation de Chine à Paris, par un communiqué à la presse du 19 mars 1915 et par une longue note au *Matin* du 22 mars 1915, démentit officiellement ces faux bruits absolument sans fondement.

2. Une protestation des étudiants chinois à Paris, parue dans l'*Humanité* du 2 mars 1915, décide :

« 1° De signaler le procédé indigne qui consisterait à faire passer la Chine comme un État voulant épouser la cause germanique, procédé récemment employé par quelques journaux.

« 2° D'attirer l'attention publique sur le rôle qu'on veut faire jouer à la Chine pour mieux la perdre : l'entraîner dans un conflit, qu'elle ne désire pas plus avec le Japon qu'avec toute autre nation. »

3. Un de nos compatriotes avait de sa propre initiative envoyé la circulaire suivante aux principaux hommes politiques de France et de l'étranger (15 février 1915) :

« Il est de mon devoir de patriote chinois et d'ami sincère de la Justice internationale de démentir, au nom de tous mes compatriotes, certains articles de journaux et dépêches, parus depuis quelques jours dans la presse européenne, qui ont une tendance à nous faire ressortir comme affiliés de l'Allemagne et comme essayant de soulever des incidents en Extrême-Asie.

« C'est absolument faux!...

« Les démêlés entre la Chine et le Japon remontent bien plus haut et sont universellement connus. Personne n'a oublié le conflit de 1894, les prétentions et les revendications sur le Foukien, la question des coolies chinois de Kagoshima, l'affaire du *Tatsu-Maru*, les boycottages anti-japonais, les événements du Kien-Tao, etc. etc., et même les conséquences de la guerre russo-japonaise, pour ne citer que les principaux dissentiments!

« Notre Gouvernement est tout de même assez sage et assez diplomate pour ne pas se mettre à la remorque de la politique allemande, nuisible à nos intérêts. Nous n'avons nullement l'intention de nous suicider! Notre République est encore trop jeune et trop belle pour cela!

« Il faut donc deviner, sous « ce moyen diplomatique tendancieux », à nous faire passer pour épousant la cause germanique, un vieux truc pourtant désuet, mais qui ne pourrait que trop bien réussir, vu l'état actuel des choses, au détriment de notre pays auquel on cherche à ligoter les mains et sur lequel les convoitises sont mondialement connues.

« Je ne veux pas discuter ici les réclamations arbitraires du Japon! Mais je dénonce le rôle qu'on voudrait nous faire jouer pour mieux nous perdre! Pourquoi vouloir nous entraîner dans un conflit que nous ne désirons pas? Pourquoi faire courir le bruit non fondé que nous sommes influencés par l'Allemagne, afin de créer des difficultés et de soutenir son jeu? C'est vraiment trop simple et trop facile! Mais, malheureusement, c'est « un moyen » qui peut faire triompher la machination! Aussi, nous n'hésitons pas à le démentir formellement et publiquement comme faux! archi-faux!... Nous en avertissons le monde entier et tous nos amis auprès desquels on essaye de nous discréditer par ce venin indigne pour mieux réussir!

« On parle également beaucoup de la possibilité d'une intervention des armées nipponnes sur le théâtre européen de la guerre? et des « compensations » que serait en droit de demander le Japon par la suite? Il y a là, pour nous autres Chinois, un gros point obscur! On les a déjà discutées pas mal, un peu partout, avec beaucoup de réserve, de prudence et de sous-entendus! mais pas encore assez suffisamment, à notre gré, pour nous rassurer complètement.

« Nous ne voudrions pas, en effet, et nous osons l'espérer, que ces « compensations » désignassent la « Chine! » Nous avons foi et confiance en la Dignité internationale.

Puissions-nous donc nous tromper! »

MM. Pichon[1] et Clémenceau, firent une forte campagne en sa faveur; enthousiasmés certainement par leur grand cœur et leur sincérité, mais ils connaissaient mal les Japonais, et ils se sont malheureusement trompés sur leur compte.

*Au Japon l'état d'esprit était bien différent. L'opinion publique ne s'intéressait guère à la question européenne et toute son attention était tournée vers la Chine.* M. G. Hanotaux, également homme de grande valeur et ancien ministre, mieux renseigné, ne s'y trompa pas; il était allé à la source sûre, c'est-à-dire puiser dans les journaux japonais le véritable critérium de la question, et il faisait connaître (dans le *Figaro*) cette véritable opinion, qui étonna tout le monde et calma de suite l'engouement général[2].

« Le *Hiochi* (journal officieux du comte Okuma), *estime que l'armée japonaise est faite pour le Japon lui-même*, **pour la défense de ses propres intérêts et** *non pour la satisfaction d'un idéal de gloire et de virtuosité militaire.*

« Le *Kokumin* (directeur politique : Okuma) est catégorique et opposé à une telle suggestion. Il dit que l'armée japonaise est l'armée d'une action indépendante et purement japonaise.

« Le *Nichi Nichi*, dit que *l'armée japonaise est plus nécessaire en vue d'une action en Chine.* »

Telle était l'opinion des journaux les plus grands et les plus officieux du Japon!

*Nous savions donc, nous Chinois, dès le début de la Guerre Européenne, que nous allions recevoir l'avalanche japonaise*, que l'Europe trop occupée ne pourrait venir à notre secours, et que ce serait là tout « le beau geste de désintéressement » du Japon.

***

La Conférence sino-japonaise se réunit donc. Les Japonais essayèrent d'abord de décider la Chine à discuter en famille, disant que cela ne regardait pas les autres ! Le Gouvernement japonais n'a jamais du reste fait connaître au public le nombre ni le contenu exact de ses demandes. Ce fut la Chine qui, voyant le piège, les porta à la connaissance générale[3].

1. Le Japon allié. (*Petit Journal*, M. S. Pichon, 29 nov. 1914). « Le moment des actes décisifs est proche. Il faut que les alliés emploient toutes leurs forces à chasser les Allemands de France et de Belgique, et à débarrasser le monde des barbares qui menacent la civilisation.

« *Le Japon a sa place marquée parmi les pays qui luttent pour leur liberté et pour celle de tous les peuples opprimés* (?). *Il a brillamment servi leur cause* (?). Il représente une puissance militaire de premier ordre. Il vient de donner en Chine une nouvelle preuve de la supériorité de ses armes. Il est officiellement l'allié de l'Angleterre; il a des conventions avec la France et la Russie; il est en guerre avec l'Allemagne. *Que cette situation se traduise par autre chose qu'une intervention sur les côtes chinoises.* Qu'on discute et qu'on arrête avec lui les conditions de son concours dans les batailles européennes. Il y pèsera d'un poids considérable. Mais il ne faut pas perdre de temps. »

2. Les chancelleries durent intervenir, comme nous le sûmes plus tard, afin de refréner cet « emballement » qui ne reposait sur rien!

Voir plus loin en note, page 23, l'article de M. Clémenceau dans l'*Homme enchaîné.*

3. *North China daily News Sanghaï*, 16 février. « Le Japon a informé certaines puis-

Il est utile de faire remarquer aussi que les éclaircissements sur la question ont toujours été donnés par Pékin (où se trouve le Docteur Morrison, correspondant du *Times*, qui est en quelque sorte un représentant officieux de l'Angleterre et conseiller politique de Yuan-Che-kaï).

Liste des vingt et une demandes du Japon du 18 janvier 1915. (Communiquée par le Correspondant du *Manchester Guardian* à Pékin, 20 février, et publiée par ce journal, le 18 mars 1915.)

## I. — Chantoung.

1. — La Chine consentira au Japon tous les droits et privilèges cédés et possédés par l'Allemagne dans la province du Chantoung.

2. — La Chine consentira à la construction par le Japon du chemin de fer de Chefou et Long-Keou rejoignant la voie principale du chemin de fer du Chantoung.

3. — Aucun territoire de la province du Chantoung, ni aucune île bordant la côte de cette province ne seront cédés à une puissance tierce quelconque.

4. — Certaines villes du Chantoung seront ouvertes au commerce étranger, villes qui seront désignées conjointement par le Japon et la Chine.

## II. — Mandchourie méridionale et Mongolie orientale.

5. — Contrôle et administration concédés pour 99 ans au Gouvernement Japonais de la ligne ferrée de Kirin-Tchang Cheunn.

6. — Le bail de Port-Arthur et ceux des chemins de fer Sud Mandchouriens et de Antong-Moukden seront prorogés pour une période de 99 ans.

7. — Les Japonais auront le droit de louer, acheter des terrains pour y construire des maisons de commerce, des industries ou des fermes de culture et d'élevage en Mandchourie Méridionale et en Mongolie Orientale.

8. — Le Gouvernement Chinois devra obtenir l'assentiment du Japon avant de concéder aux Etrangers le droit de construire un chemin de fer dans ces régions ; ou de contracter un emprunt avec une Puissance tierce pour la construction de chemins de fer dans ces régions. Le consentement du Japon sera également nécessaire pour tout emprunt à contracter qui serait garanti par les revenus de ces deux régions.

sances que ses demandes étaient au nombre de onze, alors qu'en réalité il y en a vingt et une. Parmi les dix qui n'ont pas été portées à la connaissance générale, se trouvent celles que la Chine considère comme une atteinte à sa souveraineté nationale et affectant ses traités avec les autres puissances, et celle défendant à la Chine de céder aucun droit minier à un étranger qui pourrait concurrencer les entreprises de Han-Yeh-Ping. »

9. — Dans ces régions, les Japonais seront libres de résider, de circuler, d'y commercer et d'y créer des industries quelconques.

10. — Le Gouvernement Chinois devra toujours consulter auparavant le Japon s'il se décide à prendre des conseillers ou des instructeurs en matières politique, financière et militaire.

11. — Les sujets Japonais auront le droit d'exploiter les mines de ces régions, dont les localités seront désignées d'un commun accord des deux Gouvernements.

## III. — Compagnie Han-Yeh-Ping.

12. — Que cette Compagnie sera sous le contrôle conjoint du Japon et de la Chine. Que la Chine ne pourra disposer de ses intérêts dans cette Compagnie sans le consentement préalable du Japon.

13. — Que toutes les mines annexes de la Compagnie Han-Yeh-Ping, celles du voisinage ou environnantes ne pourront être exploitées par personne d'autre que la Compagnie ou avec la permission de la Compagnie; et le consentement préalable de la Compagnie sera obligatoire pour quelles opérations minières que ce soit, touchant directement ou indirectement aux intérêts de la Compagnie.

## IV

14. — Le Gouvernement Chinois ne cédera ni ne louera à aucune Puissance étrangère aucune parcelle du territoire de la côte chinoise.

## V. — Divers[1].

15. — La Chine achètera plus de 50 pour 100 de ses munitions et armements au Japon, ou le Japon créera un arsenal sino-japonais en Chine. Le matériel devra être japonais ainsi que le personnel technique.

16. — La Police, en certains endroits de la Chine, devra être administrée conjointement par des Japonais et des Chinois, ou la Chine emploiera dans ces endroits de nombreux Japonais afin d'organiser et de faire progresser le service de la Police chinoise.

17. — Les Japonais devront être employés comme conseillers politiques, financiers et militaires.

18. — Les sujets japonais auront le droit de propager le Bouddhisme en Chine.

19. — Les Japonais auront le droit de propriété dans l'intérieur de la Chine afin d'y construire des églises, des écoles et des hôpitaux japonais.

1. Le groupe V intitulé *Divers*, est une chose négligeable pour le Japon! C'est cependant le plus important et sur lequel porteront toutes les difficultés!

20. — Dans la province du Foukien, le Japon aura le droit de construire des chemins de fer, d'exploiter des mines, d'établir des ports et, au cas où il serait fait appel aux capitaux étrangers, le Japon devra être auparavant consulté.

21. — Le Japon aura le droit de construire un chemin de fer reliant Ou-Tchang à Kiu-Kiang et Nan-Tchang et une ligne entre Nan-Tchang et Tchao-Tchéou-fou et entre Nan-Tchang et Hang-Tchéou.

***

*Imposer à la Chine, la nomination de conseillers techniques japonais en matières financière, administrative et militaire; l'organisation d'une police mixte sino-japonaise ; le contrôle de ses armements ; ces exigences sont non seulement exorbitantes mais ont un caractère particulièrement humiliant pour notre dignité et notre liberté, et de plus portent une réelle atteinte aux principes de notre souveraineté nationale.* **C'est un véritable coup d'audace!**

Il n'est pas douteux non plus que le principe de la Porte Ouverte soit fortement ébréché par ces revendications et que les intérêts étrangers s'en trouvent non moins fortement lésés par contre-coup!

Le Japon n'en a cure, il est vrai, selon le principe et la théorie d'Okuma!

***

Voici maintenant la liste des demandes telle qu'elle fut communiquée aux Puissances étrangères par le Japon (*Manchester Guardian*).

I

1. — Engagement de la part de la Chine de consentir à tous les arrangements qui interviendront entre le Japon et l'Allemagne, se référant aux droits, intérêts et concessions que l'Allemagne possède au Chantoung, en vertu de Traités ou autrement.

2. — Engagement de ne céder, ni louer sous aucun prétexte la province du Chantoung ou toute parcelle de son territoire ou des îles bordant la côte de cette province.

3. — De donner au Japon le droit de construire un chemin de fer reliant Chefou ou Long-Keou au chemin de fer de Tsinan-fou à Kiao-Tchéou.

4. — D'ouvrir d'autres villes dans la province du Chantoung.

II

5. — Prolongation du bail du Koang-Toung, du chemin de fer Sud Mandchourien et de la ligne Antong-Moukden.

6. — Acquisition par les Japonais du droit de résidence et de propriété de terres; concéder au Japon le droit d'exploiter les mines qu'il désignera.

7. — Obligation de la part de la Chine d'obtenir préalablement le consentement du Japon avant de donner des concessions de chemins de fer à une Puissance tierce, de faire des emprunts à l'étranger, ou d'emprunter sur la garantie des revenus ou des taxes.

8. — Obligation pour la Chine de consulter le Japon avant d'employer des conseillers quant aux affaires politiques, financières et militaires.

9. — Transférer au Japon la direction et le contrôle du chemin de fer Kirin-Chang Cheunn.

III

10. — Arrangement en principe, qu'à un moment opportun et dans l'avenir, la Compagnie Han-Yeh-Ping serait placée sous la coopération chinoise et japonaise.

IV

11. — Engagement, en accord avec le principe du maintien de l'intégrité du Territoire chinois, de ne céder ni louer aucun point de côte, ou îles bordant cette côte.

Et le correspondant du *Manchester Guardian* concluait en commentaires : « On voit immédiatement que, non seulement la plupart des demandes importantes ont été omises de la liste telle que le Gouvernement japonais la présente aux Gouvernements étrangers intéressés, mais que les autres ont été modifiées afin de mieux déguiser leur réel caractère. Ainsi, le Japon n'indique pas qu'il a demandé : que le Japon aurait des droits miniers exclusifs dans le bassin du Yang-Tse, et qu'il pourrait construire des chemins de fer qui, certainement, porteront préjudice aux intérêts britanniques de cette région. »

Malgré le déguisement des demandes japonaises et quoique absorbé par la guerre, *le gouvernement anglais, connaissant la réelle valeur des revendications japonaises, s'émeut de la situation qui allait en s'aggravant entre la Chine et le Japon.*

Le Japon, lié par les conventions que nous savons, faisait un peu litière de ses engagements vis-à-vis des Puissances, il le savait très bien; le comte Okuma, pour tout moyen de défense, ne trouvait que ces paroles à répondre à une question du correspondant de l'agence Reuter à Tokio, le 2 avril 1915 :

« Les critiques que nous font la presse anglaise et américaine ont certainement leur origine dans des manigances de l'Allemagne qui voit ses intérêts compromis. Nous n'avons nullement l'intention d'établir aucun monopole ni aucune ingérence en Chine, ni de léser les droits ou les intérêts des autres Puissances. »

Pendant ce temps *L'Univers* de Tokio (3 avril 1915) dans un long article critique amèrement « l'*opinion anglaise hostile* » et qui « *semble vouloir s'opposer aux exigences japonaises en Chine* ». « Les Anglais oublient que le Japon, par son alliance, leur a rendu de signalés services, contre la Russie en 1905, et dans la guerre Européenne actuelle en leur assurant la sécurité dans leurs colonies du Pacifique et d'Extrême-Orient. » « *Si le Japon s'est allié avec l'Angleterre, ce fut dans le but d'établir la prépondérance des Japonais en Chine avec l'appui de l'Angleterre et contre les empiètements de la Russie.* » « A l'heure actuelle les Anglais semblent négliger leurs obligations vis-à-vis du Japon, en ne soutenant pas sa cause ! » « *Que l'Angleterre y prenne garde*; le *Japon ne tolérera aucune faiblesse de sa part, quitte à abandonner l'Alliance anglo-japonaise et à se retourner vers la Russie, puissance avec laquelle il peut s'entendre parfaitement sur les intérêts extrêmes-asiatiques et* **même dans l'avenir,** *se* **rapprocher de l'Allemagne** (*sic*). » « Les colonies anglaises seront alors en grand péril ! », etc... etc.

Le docteur Morrison, à Pékin, avait sérieusement averti le gouvernement anglais :

« Il est indéniablement établi que les différentes demandes du Japon, telles qu'elles ont été formulées à la Chine, sont incompatibles avec les principes de la porte ouverte et de l'égalité de commerce (*equal opportunity*), et en outre empiètent sur les intérêts britanniques !... » (*Times*, 6 avril 1915.)

Ainsi les plans japonais sont complètement dévoilés, et s'étalent au grand jour.

L'opinion publique en Europe, aux États-Unis, sent le malaise qui la gagne, mais elle n'y peut rien. *Tandis qu'en Europe l'heure est grave, le droit, l'honneur, la justice sont en jeu ; là bas en Extrême-Asie, ces principes sont sur le point d'être foulés aux pieds par le Japon !*

Notre gouvernement voudrait faire appel à la médiation, sinon à l'arbitrage, des grandes Puissances qui sont liées avec le Japon : l'Angleterre, les États-Unis, la France et la Russie. Mais les Chancelleries répondront-elles à son appel ? Nous cédons sur les points économiques des demandes japonaises, mais nous ne pouvons pas sans perdre notre dignité nationale, consentir à nous mettre sous la tutelle japonaise, comme cela, de plein gré ! Ce serait la révolution immédiate dans notre pays, où le peuple ne consentirait jamais à ce déshonneur !

Après plus de vingt-cinq conférences tenues à Pékin sur ces pourparlers[1], *le Japon, pour satisfaire l'opinion étrangère, fit le* 26 *avril dernier de soi disant nouvelles propositions qui, en réalité, sous une forme extérieure un peu différente,* **avaient exactement le même but et les mêmes résultats.**

1. Le Japon et certaine presse nous ont fait griefs de discuter et de défendre nos intérêts, comme cherchant à occasionner des difficultés en Extrême-Orient?

Tokio déclara que la Chine faisait des « contre-propositions » (1er mai 1915)! Ces contre-propositions n'étaient autres que la continuité des discussions établies auparavant. Tokio prétendit que la Chine était intraitable et qu'elle exigeait (Londres, 6 mai) :

« 1e L'insertion au protocole des promesses de la restitution absolue de Kiao-Tchéou.

« 2o La promesse du Japon de verser des indemnités pour tous les dommages subis par les Chinois en raison de la guerre.

« 3o La promesse que la Chine participera à la Conférence de la paix après la guerre.

La Chine avait demandé, et à juste titre, *dans ses discussions et non en contre-propositions*, qu'elle soit représentée aux Conférences qui se tiendraient relativement à la question de Kiao-Tchéou au moment de la Paix et que ses populations, qui ont souffert du fait de guerre entre le Japon et l'Allemagne soient indemnisées. (Le Japon n'avait-il pas réclamé, avec raison, des indemnités pour ses sujets lésés lors de la révolution Chinoise en 1911? il lui fut du reste donné entière satisfaction par notre gouvernement).

Nous ne voyons pas quelles récriminations on peut soulever contre ces justes demandes, car en droit Kiao-Tchéou est un territoire chinois et non une colonie allemande; en outre, nos populations ont déjà assez souffert et pâti de la guerre russo-japonaise, alors que deux puissances ennemies se déchiraient sur notre territoire, que nos villages, nos villes, étaient saccagés, pillés, brûlés; nos populations, chassées, violées, tuées, etc.... Nous qui n'avions rien à voir dans cette lutte! qu'il en fût de même dans le conflit de Kiao-Tchéou! Il semble qu'en toute justice, nous ayons bien le droit à une voix en réclamation de ces préjudices causés à notre souveraineté et à notre neutralité!?

Le gouvernement de Pékin fit savoir (6 mai 1915) qu'il ne pouvait faire d'autres concessions, qu'il avait montré la plus parfaite conciliation et accepté le maximum des exigences japonaises; *qu'il lui était difficile de faire plus sans porter atteinte à sa souveraineté et à sa dignité, et qu'il ne pouvait aliéner ainsi une partie des droits inviolables de son peuple sans entraîner un gros mouvement de colère de ce dernier*. C'est ce que le Japon a appelé « un refus catégorique »; que « la Chine était intraitable »; qu' « elle faisait des contre-propositions inacceptables »!

*Le 7 Mai* (à 3 heures de l'après-midi) *le Japon brusque les choses. Le docteur Hioki, Ministre du Japon à Pékin, remet un Ultimatum au gouvernement chinois : qu'il ait à céder et à accepter les exigences japonaises en bloc.* 48 *heures lui sont accordées pour décider de son sort et que le* 9 *Mai* 1915 *à* 6 *heures du soir selon la réponse négative ou positive il y aurait « casus belli » ou non!*

Il y eût 48 heures d'émotion en Europe et en Amérique, mais personne ne disait rien, on ne savait si les chancelleries étrangères interviendraient auprès des gouvernements chinois et japonais!

Une seule voix! une voix française, au nom de tous les républicains de cette nation, osa manifester, et crier bien haut dans un bel article, toute son indignation devant l'attitude japonaise.

Gustave Hervé écrivait en effet dans le leader de son journal « *La Guerre Sociale* », le 10 Mai 1915, sous le titre « Le Japon et la Chine » :

« Un grand journal français disait hier que le devoir de notre Gouvernement, c'était d'appuyer énergiquement le Japon dans ses revendications près du gouvernement chinois. *A l'encontre de ce confrère, on me permettra d'affirmer que l'ultimatum du Japon à la Chine, avec les exigences qu'il contient a, dans tous les milieux républicains français, produit un infini sentiment de malaise et de tristesse.*

« Personne n'a l'idée saugrenue, en France, de contester au Japon le droit de se tailler sur le marché chinois la place à laquelle sa proximité, son activité économique, son intelligence lui donnent tant de titres.

« Le Japon est notre allié ou, ce qui revient au même, l'allié de nos alliés anglais; je n'oublie pas qu'en ce moment, il y a parmi nous une ambulance japonaise qui a traversé les mers pour venir prodiguer à nos blessés les soins les plus dévoués et les plus éclairés. C'est assez dire qu'aujourd'hui plus encore qu'hier, tout ce qui peut arriver d'avantageux au Japon nous est agréable. Et dès maintenant, malgré son accession récente à notre civilisation occidentale, il a donné de telles preuves de vitalité, d'intelligence et d'audace, que nous le considérons comme l'égal des plus grandes nations occidentales.

« Donc, qu'il se substitue aux Allemands dans toute la Chine, pour l'écoulement de tous ces produits manufacturés à bon marché que les Allemands étaient seuls à présenter au goût chinois avec la même ingéniosité; qu'il les remplace dans la presqu'île du Chantoung d'où ses soldats, par la prise de Kiaotchéou et de Tsingtao, ont chassé les Allemands; qu'il obtienne une situation privilégiée au point de vue économique dans la Mandchourie et la Mongolie orientale, qui ne sont que des colonies chinoises, nullement des pays chinois d'origine; que dans la Chine proprement dite, il obtienne des concessions de mines et de chemins de fer, sous la loi chinoise, et qu'il ait l'assurance qu'aucune nation européenne ne viendra plus dépecer la Chine; pas un Français qui n'y applaudisse des deux mains.

« *Pas un, en revanche, qui n'ait éprouvé un étonnement douloureux en apprenant que le Japon entendait profiter de la faiblesse militaire de la Chine pour lui imposer, dans ses administrations civiles et militaires, des milliers de fonctionnaires japonais par qui la Chine ne serait plus qu'une annexe du Japon!*

« Traiter ainsi la plus vieille et la plus populeuse nation du monde, l'une des plus civilisées de la terre, des plus instruites, des plus policées, la plus pacifique, au moment où, après trois siècles de stagnation, elle vient de se débarrasser de la dynastie mandchoue pour s'essayer au régime parlementaire et républicain, et s'ouvrir largement à la civilisation occidentale!

« Nous rêvons, nous, ici, de profiter du grand cataclysme qui ensanglante l'Europe pour affranchir toutes les nations opprimées. Nous appelons les Polonais, les Roumains, les Serbes, les Italiens de Trente et de Trieste à la délivrance. Nous nous promettons, cette guerre finie, de réclamer pour les sujets de nos colonies africaines ou asiatiques, pour les Hindous des colonies anglaises, tous les droits de l'homme et du citoyen, et la plus large autonomie nationale. Nous nous demandons comment nous réparerons envers eux les brutalités de la conquête. Nous nous proclamons les champions du Droit contre la Force. Nous sommes en train de faire la démonstration, sur le dos de l'Allemagne, que si fort qu'on soit, on finit toujours par se faire casser les reins dès qu'on veut abuser de sa puissance.

« *Et nous apprendrions sans tristesse que là-bas, en Extrême-Orient, un grand peuple envers qui, hélas! les nations européennes ont commis jadis plus d'une brutalité, est menacé de perdre son indépendance nationale!*

« *Et aucune voix ne s'élèverait chez les alliés pour demander à nos amis Japonais, à tout ce que le Japon compte de hautes consciences, de nous épargner cette amertume, d'éloigner de nous ce calice*[1 2 3]*?* »

1. *Les Débats*, 10 mai 1905. « La politique des sphères d'influence en Chine, dont Guillaume II fut l'initiateur, est l'une des plus détestables inventions politiques de la fin du siècle dernier. La plupart des puissances européennes n'ont pas la conscience nette à ce sujet. Si elles avaient eu des idées politiques à la place de simples convoitises, elles n'auraient point médité de dépecer cet immense empire de plusieurs centaines de millions d'habitants, assoupis dans la décrépitude d'une civilisation autrefois raffinée. Elles se seraient bornées à l'abandonner à son pacifisme philosophique et à y faire du bon commerce. Mais, sous prétexte d'y introduire la civilisation, on y a introduit surtout des instruments de destruction. Au Japon également, on a rivalisé de zèle à fournir les armements les plus perfectionnés. Aujourd'hui, l'Europe n'est plus maîtresse d'arrêter le cours d'événements qu'elle a préparés inconsciemment ».

2. *Journal de Genève* (8 mai 1915). Extrait du Bulletin du 7 mai 1915 :

« Le Japon a invité la Chine à répondre dans les quarante-huit heures aux demandes qui lui ont été adressées. Si la réponse de la Chine n'est pas satisfaisante, c'est la guerre entre les deux plus grands peuples d'Asie.

« *On se souvient qu'après s'être emparé de la colonie allemande de Kiao-Tchéou, territoire chinois, le Japon,* **dont l'appétit s'était accru d'une façon démesurée,** *avait demandé à la Chine des concessions qui correspondaient à un* **véritable protectorat japonais sur le Céleste Empire transformé en République.** *Le Japon* **accompagnait sa demande d'envois de troupes sur la frontière de Chine.**

« Au milieu des événements qui bouleversent l'Europe à cette heure, ce conflit d'Extrême-Orient peut paraître bien éloigné et ne pas mériter l'attention. *Il est cependant important. Les Puissances possèdent en Chine des intérêts considérables, elles y exploitent des mines, des chemins de fer, les douanes mêmes.* **La main-mise du Japon sur ce vaste empire peut avoir pour elles et pour toute l'humanité civilisée des conséquences incalculables.**

« *Deux seules puissances pourraient en ce moment mettre un frein aux ambitions du Japon : l'Angleterre et les États-Unis.* Mais la première est trop intéressée à ne pas compromettre à cette heure son alliance avec ce pays d'Asie.... *Quant aux États-Unis ils ont fait savoir au gouvernement de Pékin qu'ils n'entendaient pas renoncer à leurs traités conclus avec la Chine.* C'est là un pieux désir. **La Chine ne demanderait pas mieux que d'en tenir compte. Mais c'est au Japon qu'il faut faire entendre raison....**

« *Le Japon a su admirablement profiter de la guerre actuelle.* Il est le seul qui ait tiré jusqu'ici quelque avantage immédiat et certain de l'effroyable mêlée. *Que la Chine se soumette ou non à sa tutelle, on peut être certain qu'il arrivera à ses fins....* »

3. De M. Clémenceau. *L'Homme enchaîné*, 12 mai 1915, qui conclut ainsi son article sur la question sino-japonaise : « Étrange aventure du Japon, engagé dans une voie qui pouvait le conduire à une intervention en Europe, aux côtés de l'Angleterre. Et subitement entraîné au bord d'une résolution qui aurait fait de lui l'ennemi de son allié anglais et l'allié de son ennemi allemand »..., etc.

Divers bruits ont circulé au sujet de l'Ultimatum dont on ne connaissait pas la teneur. *D'aucuns disaient que l'Angleterre était intervenue*[1,2,3], *appuyée par les Etats-Unis*, d'autres que le Japon avait retiré le groupe V de ses demandes. Tout ce que l'on savait, le 9 mai au soir, c'est que le conflit était écarté pour l'instant, que la Chine avait accepté les revendications japonaises?

Ce ne fut que le 10 mai, par le *Times* de ce jour et par un télégramme de Pékin en date du 7 mai, que nous apprîmes que l'*ultimatum japonais avait* très atténué ses demandes, et qu'*il y avait un terrain possible d'entente*... : « En substance, la Chine devra accepter toutes les demandes japonaises modifiées à l'égard du Chantoung, de la Mandchourie, de la Mongolie, de la non-aliénation des côtes et des îles, et de la Compagnie Han-Yeh-Ping. Quant aux demandes du groupe V, le Japon désire que les demandes modifiées relatives au Foukien soient l'objet d'un nouvel échange de notes et accepte que les quatre autres questions de ce même groupe soient reportées à une discussion ultérieure. »

Il nous était donc possible d'accepter, attendu que les principales difficultés touchant notre souveraineté nationale étaient écartées pour le moment.

*Le geste intentionnellement fratricide du Japon est donc détourné. A la* suite de quelle influence[4,5]? *Nul ne le sait. Mais il a compris à*

1. Londres 7 mai. — On annonce de source autorisée que la dernière note du Japon à la Chine contient de *nouvelles modifications* aux propositions primitives, et que l'ambassadeur du Japon à Pékin fera de nouveau tous ses efforts pour arriver à une solution amicale de la question (*Havas*).

2. Londres 4 mai, au *Matin*. — La situation critique doit causer une très vive *inquiétude à tous ceux qui ont à cœur le maintien de la paix en Extrême-Orient. La tentation qui se présente au Gouvernement japonais est très forte* et le moment de chapitrer l'Asie sur la moralité de sa politique n'est pas bien choisi pour l'Europe. Pourtant le *gouvernement japonais serait sage de peser très soigneusement ses actes et de se rappeler que la prudence et la modération sont très souvent des moyens de réussite pour les hommes d'État.*

3. Sir Ed. Grey avait déclaré à la Chambre des Communes, le 19 avril dernier, en réponse à diverses questions relatives aux négociations sino-japonaises : « que la politique de la Grande-Bretagne est toujours régie par les traités conclus entre l'Angleterre et le Japon, tendant principalement au *respect des intérêts commerciaux de toutes les puissances en Chine, à la garantie de l'indépendance, à l'intégrité de la République chinoise, et des traitements égaux pour le commerce et l'industrie de toutes les nations.* » — « Le gouvernement britannique est en communication constante avec ses représentants en Chine et au Japon, et en contact direct avec toutes les entreprises commerciales intéressées dans les négociations. » — « Le Parlement peut être assuré que *le gouvernement fera tous ses efforts pour maintenir le principe de la porte ouverte en faveur du commerce britannique, dans toutes les parties de la Chine.* » (*Havas*).

Il répondait également en ce sens le 4 mai suivant aux interpellations de M. Snowden demandant : « si le gouvernement allait laisser considérer comme des *chiffons de papier* par le Japon ses traités avec l'Angleterre? » (*Times*.)

4. *Le Temps*, 8 mai 1915. — On mande de Washington : « M. Bryan vient de publier une déclaration définissant la situation dans laquelle se trouve le gouvernement des États-Unis en présence du différend sino-japonais. *Il réitère l'adhésion des États-Unis au principe de la porte ouverte et du maintien de l'intégrité territoriale de la Chine.* Le seul intérêt des États-Unis dans cette question, ajoute M. Bryan, est que les négociations entre le Japon et la Chine soient conclues d'une façon satisfaisante pour les deux nations, assurant ainsi la paix du monde.

« M. Bryan annonce ensuite qu'*au commencement des négociations sino-japonaises*, *temps que, malgré les gros soucis actuels de l'Europe, il y aurait un moment où il devrait rendre des comptes. Il y a toujours une heure de justice; l'***Histoire est là pour le rappeler à ceux qui l'oublient trop.** *Que la justice internationale lui ferait payer très cher plus tard et sans circonstances atténuantes possibles*, **son crime de lèse-droit des peuples.**

Telle est l'histoire rapide, du conflit sino-japonais que nous tenions à faire connaître à tous.

*Il ne faut pas croire que le problème soit résolu ou la question close! Il ne faut pas non plus que le Japon se figure qu'il obtient ainsi « une extension considérable de son influence en Chine »*, **bien au contraire,** *il est allé à l'encontre de ses intérêts;* et si, selon la déclaration que vient de faire son ministre, à Paris : « l'unique souci du gouvernement japonais, lorsqu'il présenta, au mois de janvier dernier, ses demandes au gouvernement chinois, *était de sauvegarder pour toujours la paix en Extrême-Orient;* il entendait poursuivre ce but en ajustant, d'une part, la nouvelle situation créée par la guerre entre le Japon et l'Allemagne, et, d'autre part, en *consolidant les bases des relations amicales entre le Japon et la Chine* (*sic*) par le règlement de diverses questions, causes de malentendus entre les deux pays voisins » (*Le Temps*, 12 mai 1915), *le* **Japon s'est complètement trompé.** *Il n'a écouté que sa politique impérialiste, sa politique du coup de force, du coup de poing en un mot et que la guerre européenne semblait lui permettre de porter.*

Le *Temps* du 12 mai 1915, dans son « Bulletin du Jour » le résume très bien : « La guerre qui accaparait l'attention de toutes les puissances *lui offrait, de plus, la possibilité de mener rapidement et sans l'ingérence de tiers ses pourparlers avec la Chine;*

*le Japon a informé confidentiellement le gouvernement des États-Unis qu'il n'avait aucune intention d'intervenir dans l'indépendance politique ou l'intégrité territoriale de la Chine et que ses demandes n'allaient aucunement à l'encontre des intérêts des autres puissances ayant des traités avec la Chine, ou contre le principe de la porte ouverte.*

« Le gouvernement américain, conclut M. Bryan, n'a jamais pensé abandonner aucun de ses droits en Chine et, de fait, ni le Japon ni la Chine ne lui ont jamais demandé une telle chose.

« *Une information complémentaire parvenue postérieurement de Washington, apprend que les États-Unis, par l'intermédiaire de leurs ambassadeurs, ont consulté l'Angleterre, la France et la Russie, comme alliées du Japon, pour se renseigner sur leur attitude en face des négociations sino-japonaises et sur l'état actuel de celles-ci.* (*Havas*, Washington, 8 mai.)

« Dans les cercles officiels, on observe la plus grande réserve sur la nature de cette communication. On croit cependant savoir que les États-Unis s'efforcent d'amener les puissances européennes à assurer une solution qui satisfasse à la fois la Chine et le Japon. » (*Havas*, Washington, 8 mai.)

5. Londres, 8 mai. *Morning Post.* — L'ultimatum japonais n'avait pas encore été remis au gouvernement chinois, le **Japon** *ayant consenti à un délai* **sur l'intervention de la Grande-Bretagne.** (Nous savons d'autre part *que les demandes de l'ultimatum furent fortement modifiées.*)

celle-ci, mal remise de la secousse qui venait de remplacer le despotisme mandchou par la dictature républicaine de Youan-Che-Kai, sans armée, sans moyens de défense, ne pouvait, d'ailleurs, lui opposer aucune résistance sérieuse. Ce fut donc tout un cahier de demandes que le Gouvernement de Tokio fit remettre au Cabinet de Pékin ». Et l'on s'étonne que Pékin se montra méfiant dès le début devant les exigences japonaises!

*Non, le Japon n'a pas remporté une « victoire diplomatique » ni pacifique.* Nous entrons dans une nouvelle période (la quatrième) des relations sino-japonaises qui se présentent avec plus d'acuité qu'auparavant!

*La Chine a résisté honorablement au choc nippon.* Notre Gouvernement ne pouvait faire autrement. Mais il ne faut pas oublier que nous peuple, nous 400 millions de Chinois, ne considérons pas la solution comme satisfaisante ni au point de vue politique, ni au point de vue économique. Nous saurons montrer au Japon qu'il s'est trompé; que la force ne peut réussir que momentanément; *que notre civilisation est trop raffinée pour s'accommoder de « l'influence japonaise », telle que vous la pratiquez, messieurs les Nippons! Qu'au lieu de resserrer « les liens de bon voisinage », vous avez fait de nous une* **Chine anti-japonaise** *plus que jamais!!* Nous saurons profiter de la leçon, cette fois, (si leçon il y a!) et nous pouvons vous garantir que, pas plus tard que *demain, nous saurons arrêter votre impérialisme envahisseur.* L'Histoire vous prouvera une fois de plus que, même pour le Japon, la « force ne prime pas le droit »![1]

---

# ADDENDA

## I

**Les avantages que le Japon obtient par le compromis final intervenu à Pékin (communiqué par le *Times* du 11 mai 1915).**

### A. — Chantoung.

**1. — La Chine consent à tous les arrangements qui pourraient être faits lors du traité de paix entre le Japon et l'Allemagne au sujet de la disposition des droits, avantages et concessions possédés par cette dernière vis-à-vis de la Chine dans la province du Chantoung en vertu de traités, agréments ou autrement.**

1. Pékin, 25 mai 1915. Le traité entre la Chine et le Japon a été signé aujourd'hui à trois heures de l'après-midi (*Havas*).

2. — La Chine ne cédera ni ne louera à aucune puissance aucune portion de la province du Chantoung ou parcelle de la côte ou île de cette province.

3. — Pour la construction d'une voie ferrée reliant Tchefou ou Long-Keou avec la ligne de Tsing tao-Tsinan, la Chine devra faire appel aux capitalistes japonais pour les emprunts nécessaires, si toutefois l'Allemagne abandonne ses droits sur le chemin de fer de Tchefou-Wei Hsien.

4.— La Chine ouvrira d'autres ports à Traité dans la province du Chantoung.

## B. — **Mandchourie méridionale.**

5. — La période de location de la province du Koang-toung, Port-Arthur et Dairen (autrefois Dalny) et aussi des chemins de fer sud-mandchouriens et de la ligne Antong-Moukden seront prorogés de quatre-vingt-dix-neuf ans à partir de la date d'origine des conventions respectives.

6. — Les Japonais pourront louer ou acheter des terrains dans la région sud-mandchourienne nécessaires pour l'exécution de constructions utiles à leur commerce, industrie ou agriculture.

7. — Les Japonais pourront circuler et résider librement dans la Mandchourie méridionale, afin de pouvoir y exercer leur commerce, leur industrie ou toute autre chose.

8. — Par suite des dispositions ci-dessus mentionnées, les sujets japonais devront produire aux autorités chinoises des passeports dûment délivrés et devront les faire viser par ces dites autorités. Ils devront se conformer aux règlements et usages de la police chinoise, approuvés par les consuls japonais; et payeront les taxes chinoises, également approuvées par les consuls japonais. En matière civile et criminelle, le consul japonais sera compétent si le défendant est japonais ; le fonctionnaire chinois sera compétent si le défendant est un Chinois; le consul japonais et le juge chinois pourront déléguer leurs pouvoirs à un agent dûment autorisé par eux. En matière civile, au sujet de différends relatifs aux terrains entre Japonais et Chinois, le consul japonais et le juge chinois s'uniront et jugeront conjointement, selon les lois et les coutumes locales chinoises. Dans l'avenir, lorsque le système judiciaire de cette contrée sera complètement réformé, toutes les causes, civiles ou criminelles où des sujets japonais seront parties, seront étudiées et jugées par les cours et les tribunaux chinois.

9. — La Chine concédera le droit aux Japonais d'exploiter les mines qui seront désignées dans les régions de la Mandchourie du Sud.

10. — La Chine devra faire appel auparavant aux capitaux japonais, lorsqu'elle voudra faire un emprunt étranger garanti par les taxes et revenus de la Mandchourie méridionale.

11. — Le Gouvernement japonais sera toujours consulté préalablement lorsque la Chine aura l'intention, dans l'avenir, d'engager des conseillers ou des instructeurs étrangers en matières administrative, financière, militaire ou policière dans la Mandchourie du Sud.

12. — Si la Chine doit avoir recours aux capitaux étrangers pour la construction de chemins de fer en Mandchourie méridionale, elle devra s'adresser de prime abord aux capitalistes japonais.

13. — Il reste entendu entre les deux Gouvernements que des modifications pourront être apportées dans la présente convention au sujet de l'emprunt pour le chemin de fer de Kirin-Tchang Cheunn afin d'en rendre les termes plus avantageux pour le Japon.

## C. — Mongolie orientale intérieure.

14. — Les entreprises conjointes entre Japonais et Chinois seront reconnues par le Gouvernement Chinois en matière d'agriculture ou toute autre industrie connexe.

15. — Dans le cas où la Chine voudrait contracter des emprunts pour la construction de chemins de fer ou devant être garantis par les taxes et revenus de cette région, elle devra consulter avant le Japon.

16. — La Chine ouvrira de nouveaux ports à Traité dans cette région.

## D. — Au sujet de la Compagnie Han-Yeh-Ping.

17. — La Chine devra approuver tout contrat qui pourrait être conclu à l'avenir entre la Compagnie et des capitalistes japonais pour les besoins de cette entreprise conjointe. Elle s'engage en outre à ne pas disposer de sa part ni à la convertir en bien de l'État sans l'assentiment des capitalistes japonais intéressés. Et de ne permettre à la Compagnie de contracter aucun emprunt étranger qu'avec le Japon.

## E. — La question du Foukien.

18. — La Chine s'engage, par une note diplomatique à échanger, à ne céder à aucune autre Puissance le droit d'établir aucun port, dock, bassin, station navale ou de charbon ou tout autre établissement militaire sur la côte de la Province du Foukien; à ne permettre aucune construction de ce genre à l'aide de capitaux étrangers sur cette dite côte.

## F. — Non-aliénation de la côte chinoise.

19. — Ceci a été complètement retiré de l'arrangement, le Japon

étant satisfait de la proposition chinoise, qu'une simple déclaration de la part de cette dernière sur cette question suffirait.

### G. — Kiao-Tchéou.

20. — Le Japon déclare que, si à la fin de la présente guerre, le Japon obtient la libre disposition de Kiao-Tchéou qu'il sera prêt à en faire restitution à la Chine à certaines conditions dont les principales sont :

*a*) Que la Baie de Kiao-Tchéou soit entièrement ouverte comme port de commerce;

*b*) Qu'une concession japonaise sera établie dans une localité qui sera désignée par le Japon;

*c*) Qu'une concession internationale (*International Settlement*) sera également établie si elle est demandée par les Puissances;

*d*) Qu'un arrangement interviendra entre le Japon et la Chine au sujet de la disposition des propriétés et des édifices publics appartenant à l'Allemagne.

---

## II

Extraits des statuts d'une société japonaise à double face appelée « Association de coopération de l'Asie orientale » (*La Revue Jaune*. — Bruxelles, 15 septembre 1911, pages 584 et suiv.)

### Objets, statuts et règlement de l'Association de coopération de l'Asie Orientale.

Le document, destiné aux ministres et consuls japonais à l'étranger, débute par un exposé de la situation internationale en Extrême-Orient. Dans toutes les contrées, dit-il, les matières relatives à la guerre, aux sciences, à la littérature, à la politique, au commerce, à la diplomatie, etc., font l'objet de l'attention du peuple aussi bien que du Gouvernement. Tous les pays veulent se développer et agrandir leurs possessions territoriales. Au cours du XIX$^{e}$ siècle, le champ des compétitions fut limité à l'Europe, à l'Amérique et à une partie de l'Asie.

*Maintenant il a été transporté dans l'Empire chinois.* L'énergie des efforts déployés par les puissances montre combien leur ambition est grande en Extrême-Orient. Or, seul parmi les nations d'Asie, le Japon, après ses guerres contre la Chine et la Russie, a conquis une ferme position dans le monde et s'est rangé parmi les puissances de première classe. Aucune puissance européenne ne peut s'occuper des affaires japonaises.

Mais la situation de la Chine est totalement différente. Quoique sous le règne auguste et illustre de Sa Majesté Impériale, le Japon ait annexé Formose et la Corée, nous ne devons pas croire que notre prospérité nationale soit arrivée à son zénith. *Au contraire nous devons tendre à amener le continent Asiatique* **tout entier** *sous notre influence.*

*Dans les matières relatives à la guerre, à la diplomatie, au commerce et à la colonisation, nous devons prendre une position prééminente et n'être les seconds de personne.* Or la compétition européenne en Chine est vraiment sévère. *Les puissances luttent pour donner des capitaux à la Chine afin que celle-ci développe ses ressources naturelles.* Les Gouvernements d'Angleterre, de France, d'Allemagne, d'Amérique, de Russie et d'Autriche encouragent et subsidient leurs hommes d'affaires en Chine et s'efforcent de mettre leurs marchands dans la situation la plus avantageuse. Le Japon reste en arrière. Il est donc nécessaire de l'encourager, à s'aventurer dans les pays étrangers et, pour cela, de faire l'étude de la géographie, du caractère national, des coutumes et des traditions, et du « standard of life » des divers pays. Avec le ferme support du gouvernement, il s'élancera alors dans les entreprises internationales. Les contrées européennes étant très éloignées, il y a peu de chance pour les Japonais de s'établir eux-mêmes en Europe. *Mais en Asie il y a de larges champs de développement.* **Par exemple en Chine, dans l'Inde, au Siam, en Indo-Chine, en Birmanie, etc.** Si la géographie, le caractère national, les traditions et coutumes et le « standard of life » de ces contrées sont bien connus de notre peuple, il est certain que notre commerce s'y développera. *En matière militaire aussi nous devons avancer avec rapidité.* Dans le passé, *le Japon a envoyé des agents dans les autres pays pour s'informer de leurs choses militaires*, mais souvent ces agents eurent une fin fatale. En d'autres cas ces agents devaient travailler seuls et sans aide et ne pouvaient accomplir leur mission. Beaucoup de ces agents ont été perdus. Ces difficultés seront résolues si une organisation bien ordonnée s'occupe de réaliser ces buts, *par la coopération de l'initiative privée et du gouvernement.* Des bureaux doivent être établis dans toutes les villes importantes et un fonctionnaire doit leur être affecté à titre permanent Sa tâche consistera à se renseigner sur les conditions locales et à transmettre ses renseignements au gouvernement. *De plus nos touristes et nos voyageurs seront grandement assistés par lui de même que les hommes d'affaires.* C'est en vue de ces objets que l'Association de Coopération de l'Asie Orientale a été instituée. Suivent les articles des statuts, au nombre de 37, dont voici les principaux :

Art. 2. — *L'Association est sous le contrôle direct de l'État-Major général.* L'activité de l'Association sera dirigée par des communications de l'état-major général qui seront envoyées par l'intermédiaire des Ministres et Consuls japonais, à l'office central et aux branches locales de l'Association dans les diverses contrées.

Art. 3. — *L'Office principal est établi à Pékin* et jusqu'à ce qu'un bâtiment approprié ait été trouvé, *le local sera à la Légation japonaise. Des branches sont établies en Mandchourie, dans la Mongolie intérieure et extérieure, au Thibet, au Sé-Tchouan, au Yunnan, au Kouangtoung, au Fou-Kien,* **en Indo-Chine, en Birmanie, au Siam et**

**dans l'Inde.** *La branche établie dans la Mongolie intérieure est une partie du service de détectives du Ministère de la guerre.*

Art. 4. — Les officiers et les hommes du service actif et de la réserve, les inspecteurs, les personnes qui ont résidé à l'étranger et qui connaissent la langue et les conditions locales sont qualifiées pour être membres de l'Association.

Art. 12. — L'objet de l'Association est exposé longuement plus haut. En conséquence, *l'attitude de l'Association à l'égard des pays étrangers doit être tout à fait amicale,* **afin d'obtenir les informations désirées.** *Quoiqu'elle soit établie nominalement pour encourager le commerce, l'Association est* **en réalité un organisme sous le contrôle direct de l'Etat-Major général.** La direction et la rapidité dans l'exécution du travail doivent être la règle. *a) Nominalement, l'Association a pour but d'étudier les traditions et coutumes des pays étrangers et d'amener des relations mutuelles en vue de développer le commerce. b) Ceci est une formule diplomatique,* **le vrai but de l'Association est de recueillir des informations sur les matières militaires, diplomatiques, politiques et la situation stratégique des contrées étrangères.** *c)* Par suite de l'établissement de l'Association, le service de renseignements et les agents du tourisme du ministère sont supprimés et leurs devoirs deviennent ceux de l'Association. *Par conséquent, la mission de l'Association est de la plus haute importance pour les matières militaires et diplomatiques, et les membres doivent se consacrer entièrement à leurs devoirs.*

Art. 13. — La Section *a)* du précédent article doit être portée à la connaissance des gouvernements étrangers pour éviter les doutes. Le gouvernement doit présenter officiellement l'Association aux Ministres et Consuls étrangers en mentionnant le but d'encourager le commerce. Le gouvernement amènera un agrément avec les représentants étrangers.

Art. 14. — *Après que les formalités ont été remplies, les militaires doivent abandonner leurs insignes professionnels et se présenter comme « businessmen ».*

Art. 16. — **La Section** *b)* **de l'article 12 comporte le vrai et principal objet de l'Association.** La Section *a)* ne concerne qu'une matière d'importance secondaire *et sert de prétexte.* Si, dans certaines occasions, les intérêts de la Section *b)* venaient contrecarrer ceux de la Section *a)* ces derniers doivent être sacrifiés aux premiers.

Art. 17. — En vue de réaliser l'objet de la Section *c)* de l'art. 12, les membres de l'Association doivent rester en relations suivies avec les Ministres et Consuls de leurs places respectives. Les Ministres et Consuls ont à donner à l'Association toute assistance et toutes facilités. Les communications de l'Association à l'État-Major général doivent passer par les Ministres et Consuls et, s'il y a nécessité d'envoyer d'importants messages télégraphiques, *le chiffre spécial de l'État-Major général doit être employé.*

Art. 20. — Les branches locales doivent envoyer des rapports mensuels à l'Office central, qui à son tour, fait rapport à l'État-Major général.

Art. 23. — *Il est politique de n'avoir pas au début des offices trop importants, parce que* cela pourrait amener des suspicions *et détruire l'objet de l'Association.* Là où il y a toujours eu des résidents japonais, les services de ceux-ci sont profitables. L'État-Major général et le Ministre des Affaires Etrangères enverront des personnes là où ce sera nécessaire pour les mesures préliminaires.

Art. 29. — Des deux directeurs d'un office, un s'occupera des intérêts commerciaux et son devoir est d'être, en termes amicaux avec la population locale. *Les devoirs du second Directeur sont l'investigation et la découverte de ce qui est caché.* Il doit arranger les affaires des officiers non commissionnés, des personnes privées, des mécaniciens ou ingénieurs qui cherchent différents postes *sous le motif de s'occuper d'affaires.* Il doit rassembler les caractéristiques des coutumes, de la Géographie, de la Topographie et autres et dresser des plans à l'usage de notre armée dans l'avenir. Tous doivent étudier le langage et les dialectes locaux.

Art. 31. — Les ressources de l'Association souscrites l'année dernière ont été de 1 million de yens. Cette somme servira aux dépenses préliminaires. *Le Ministre et l'État-Major général, ayant sondé l'opinion des membres à la Diète et ayant consulté le Cabinet sur les ressources futures, ont décidé de consacrer la moitié des dépenses confidentielles du Ministère des Affaires Étrangères, du Ministère de la Guerre et de l'État-Major Général à l'Association.*

Art. 34. — L'Association doit être amenée à l'existence le 1er juillet de la présente année. Avant son établissement, les conditions locales des diverses places doivent être d'abord reconnues.

Art. 35. — Après que l'Association aura été amenée à l'existence, *son objet nominal* doit être porté à la connaissance des pays étrangers. *Les Ministres et Consuls et les officiers envoyés pour investigation doivent prendre soin de ne point trahir le côté secret de l'Association.*

Art. 36. — *Une copie de ce* document confidentiel *sera envoyée à chaque consul japonais en Chine, Indo-Chine, Siam, Birmanie et Inde.*

Art. 37. — *Le détail du schéma des opérations de l'Association sera porté à la connaissance des chefs des offices de l'Association de* manière à assurer le secret.

Article supplémentaire. — Après la réception de ce document les ministres et consuls doivent faire connaître à l'État-Major Général, avant le 15 mai, le résultat de leurs investigations sur les conditions locales de leurs contrées en vue d'établir les offices de l'Association. *En ce qui concerne les îles Philippines, des officiers spéciaux seront envoyés dans ce but.*

***

Un tel document se passe de commentaires. Il suffit de se rappeler l'organisation de l'espionnage japonais en Mandchourie et à Port-Arthur pour se convaincre que les Japonais ont cela dans le sang!

76642. — Imprimerie Lahure, rue de Fleurus, 9, à Paris.

www.ingramcontent.com/pod-product-compliance
Ingram Content Group UK Ltd.
Pitfield, Milton Keynes, MK11 3LW, UK
UKHW022156190726
13855UKWH00004B/1504

9 782013 419154